BEI GRIN MACHT SICH IHR WISSEN BEZAHLT

- Wir veröffentlichen Ihre Hausarbeit,
  Bachelor- und Masterarbeit

- Ihr eigenes eBook und Buch -
  weltweit in allen wichtigen Shops

- Verdienen Sie an jedem Verkauf

Jetzt bei www.GRIN.com hochladen
und kostenlos publizieren

Jana Bösche

Agrarpolitik und Ernährungssituation in der Schweiz

GRIN Verlag

Bibliografische Information der Deutschen Nationalbibliothek:

Die Deutsche Bibliothek verzeichnet diese Publikation in der Deutschen National-
bibliografie; detaillierte bibliografische Daten sind im Internet über http://dnb.d-
nb.de/ abrufbar.

Impressum:

Copyright © 2012 GRIN Verlag GmbH
Druck und Bindung: Books on Demand GmbH, Norderstedt Germany
ISBN: 978-3-656-10421-6

Dieses Buch bei GRIN:

http://www.grin.com/de/e-book/187000/agrarpolitik-und-ernaehrungssituation-in-
der-schweiz

**Fachbereich Agrarwissenschaften, Ökotrophologie und Umweltmanagement
der Justus-Liebig-Universität Gießen**

Institut für Agrarpolitik und Marktforschung

Professur für Agrar- und Entwicklungspolitik

Hausarbeit
Modul MKEÖ 65: Internationale Ernährungspolitik

Agrarpolitik und Ernährungssituation in der Schweiz

vorgelegt von Jana Bösche
Gießen, im Januar 2012

Inhalt

Abbildungs- und Tabellenverzeichnis

1. Einleitung

Der Agrar- und Ernährungssektor der Schweiz ist seit mehreren Jahren einem enormen Wandel unterworfen. Die einst sehr stark geschützte und nach außen hin fast vollständig abgegrenzte Landwirtschaft steht heute verstärkt dem internationalen Wettbewerb gegenüber und die aktuelle Agrarpolitik strebt eine zunehmende Liberalisierung der Schweizer Agrar- und Lebensmittelmärkte an. Die Ernährungssituation der Bevölkerung hat sich in den letzten Jahren ebenfalls stark verändert. Das reiche Nahrungsmittelangebot führte zu Überkonsum, Fehlernährung und Übergewicht. Übergewichtsbedingte Krankheiten stellen daher heute ein großes Problem für das Schweizer Gesundheitssystem dar.

2. Allgemeine Infos zum Schweizer Agrarsektor

Verglichen mit anderen Ländern kommt der Landwirtschaft in der Schweiz eine besondere Bedeutung zu. Die Schweizer Landwirte produzieren nicht nur Nahrungsmittel, sondern sind auch maßgeblich verantwortlich für Pflege und Erhalt der Schweizer Landschaft.

Das Bruttoinlandsprodukt der Schweiz betrug 2010 550571 Mio. Schweizer Franken (SFR), davon entfiel ca. 1 % auf den Primärsektor und etwa ein Drittel innerhalb des Primärsektors auf die Landwirtschaft[1]. Der Schweizer Agrarsektor ist seit einigen Jahren deutlich rückläufig. Die jährliche Wachstumsrate des land- und forstwirtschaftlichen Sektors betrug für das Jahr 2010 -2,5 % (vgl. GTAI 2011). Gründe hierfür sind vor allem die erschwerten Produktionsbedingungen, die eine kostenintensive Produktion zur Folge haben, der zunehmende Druck ausländischer Konkurrenz und die hohe Siedlungsdichte. Die engen räumlichen Verhältnisse in der Schweiz lassen eine rationale Bewirtschaftung der Nutzflächen kaum zu. Von 2000 bis 2010 verringerte sich die Anzahl der landwirtschaftlichen Betriebe von vormals 70537 auf 59065 und auch die Zahl der in der Landwirtschaft tätigen Personen sank von 203793 auf lediglich 167462 Beschäftigte (vgl. BLW 2011). Vor allem kleine und mittlere Betriebe stellten die Produktion ein (vgl. BFS 2011). Die durchschnittliche Größe eines landwirtschaftlichen Betriebes betrug 2009 ca. 21,5 Hektar (vgl. SWISSWORLD).

Die staatlichen Ausgaben für Landwirtschaft und Ernährung betrugen 2009 3,7 Mrd. SFR, von denen 2,7 Mrd. SFr als Direktzahlungen an die Landwirtschaft gezahlt wurden (vgl. BFS 2011). Damit die Landwirte den geforderten Beitrag zum Erhalt der natürlichen Ressourcen leisten können, ist politische Unterstützung unverzichtbar. Bei der Landschaftspflege, als Teil der landwirtschaftlichen Produktion, handelt es sich um Leistungen zum Wohl der Allgemeinheit, die nicht

---

[1] Zum Vergleich BIP-Anteil nach Sektoren 2010: Primärsektor 1,1%, Sekundärsektor 27,7%, Tertiärsektor 71,5% (vgl. BLW 2011)

am Markt vergütet werden. Die anfallenden Kosten müssen vom Bund getragen werden (vgl. BLW 2004).

Die klimatische und geologische Beschaffenheit des Alpenlandes stellt die Bauern vor besondere Herausforderungen. Aufgrund des Berglandes sind dreiviertel der landwirtschaftlichen Flächen Wiesen und Weiden. Gemüse und Getreide können nur in den flachen Regionen in der Mitte des Landes angebaut werden (vgl. Tab.1).

Tabelle 1: Landwirtschaftliche Nutzfläche in der Schweiz 2002

Fläche total	10698 km^2
Naturwiesen/ Weiden	61 %
Kunstwiesen	11%
Ackerland	26%

(Quelle: BLW 2004)

Die Milch- und Fleischproduktion ist daher der größte Wirtschaftsbereich der Schweizer Landwirtschaft. Der Gesamtproduktionswert der Schweizer Landwirtschaft lag im Jahr 2010 bei geschätzt 10 Mrd. SFr. 44% des Produktionswertes entfallen auf pflanzliche Produktion. Die tierische Produktion leistet einen Beitrag von 47 % zum landwirtschaftlichen Produktionswert und besteht zu etwa 50 % aus Milchviehhaltung. (vgl. BFS 2011)

Auf der gesamten landwirtschaftlichen Nutzfläche der Schweiz werden brutto ca. 60 % der von der Bevölkerung benötigten Nahrungskalorien produziert. Der Selbstversorgungsgrad mit pflanzlichen Produkten lag 2009 bei 47,9 %. Bei tierischen Produkten wurde brutto ein Selbstversorgungsgrad von über 95 % erreicht (vgl. BLW 2011). Jedoch schließt der Bruttowert importierte Produktionsfaktoren wie beispielsweise Futtermittel mit ein (vgl. Lehmann 2011). Um eine ausreichende Nahrungsmittelversorgung sicher zu stellen, ist die Schweiz auf Importe angewiesen. Im Jahr 2008 wurden pro Einwohner 407 kg Nahrungsmittel im eigenen Land produziert und 426 kg Nahrungsmittel pro Einwohner importiert (vgl. BFS 2011). Insgesamt handelt es sich bei der Schweiz um ein Agrarimportland. 2010 wurden Agrarerzeugnisse in einem Gesamtwert von 11,5 Mrd. SFr importiert. Der Wert aller ausgeführten landwirtschaftlichen Produkte betrug hingegen nur 7,8 Mrd. SFr (vgl. BLW 2011).

Wichtigste Handelspartner der Schweiz sind die EU-Staaten, allen voran Deutschland, Frankreich und Italien. Gemessen am Warenwert, bezog die Schweiz 2010 etwa zwei Drittel aller eingeführten landwirtschaftlichen Produkte aus diesen drei Ländern. Ebenso wurde wertmäßig etwa die Hälfte aller ausgeführten Agrarerzeugnisse nach Deutschland, Frankreich oder Italien exportiert. Hinsichtlich der Ausfuhr landwirtschaftlicher Erzeugnisse ist die Milchwirtschaft von besonderer Bedeutung, da sie vor allem exportorientiert produziert. Im Jahr 2010 waren Milch oder Milchprodukte die einzigen Nahrungsmittel, bei denen ein Exportüberschuss verzeichnet wurde[2]. Besonders hohe Importüberschüsse wiesen tierische Produkte/Fisch, Früchte, Gemüse und Fette und Öle bzw. Ölsaaten auf. (vgl. BLW 2011))

---

[2] Exportüberschüsse gab es außerdem bei Genussmitteln, Tabak und diversen anderen Erzeugnissen (vgl. BLW 2011)

Neben zahlreichen politischen Maßnahmen, die in Abschnitt 3 dieser Arbeit erläutert werden, haben auch die demographische Entwicklung und das veränderte Konsumverhalten der Bevölkerung Einfluss auf den Agrarsektor. Zunehmendes Gesundheitsbewusstsein und steigende Ansprüche hinsichtlich der Qualität und Sicherheit von Nahrungsmitteln stellen die Produzenten vor neue Herausforderungen. Transparente Produktionsprozesse und ökologischer Anbau gewinnen zunehmend an Bedeutung (vgl. BLW 2004).

3. Ernährungssituation in der Schweiz

Hinsichtlich der Ernährungssituation der Bevölkerung hat die Schweiz mit den typischen Problemen der meisten hochentwickelten Industrieländer zu kämpfen. Statt Hunger und Unterernährung, wie es in Entwicklungsländern der Fall ist, fordern überhöhter Nahrungsmittelkonsum und zu wenig körperliche Aktivität politische Maßnahmen zur Verbesserung des Gesundheitszustandes der Bevölkerung. In den letzten Jahren wurden daher zahlreiche Studien zum Ernährungs- und Bewegungsverhalten durchgeführt, um Prävalenz und Ursachen ernährungsabhängiger Erkrankungen aufzudecken und den politischen Handlungsbedarf zu ermitteln.

Die durchschnittlichen Haushaltsausgaben für Nahrungsmittel und Getränke betrugen im Jahr 2009 in der Schweiz lediglich 7%. Zusammen mit den Ausgaben für Tabak und Außer-Haus-Verpflegung in Gaststätten erhöhen sich die Ausgaben auf 12,8% des Brottohaushaltseinkommens (vgl. Abb. 1). Damit gehört die Schweiz zu den Ländern mit den geringsten Nahrungsmittelausgaben bezogen auf das Gesamtbudget eines Haushaltes (vgl. DESTATIS 2011). Der höchste Anteil der Nahrungsmittelausgaben entfiel auf Fleisch-, Milch- und Getreideprodukte (vgl. BFS 2011a). In den letzten 60 Jahren haben sich die anteiligen Ausgaben für Nahrungsmittel stark verringert (vgl. Abb. 2). Dies ist ein Zeichen für den wachsenden Wohlstand der Schweizer Bevölkerung nach dem Zweiten Weltkrieg.

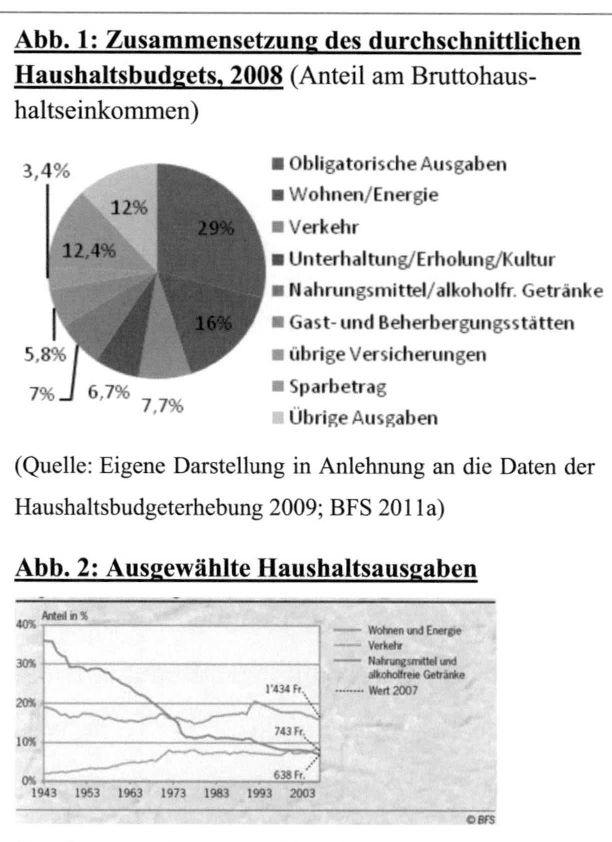

Abb. 1: Zusammensetzung des durchschnittlichen Haushaltsbudgets, 2008 (Anteil am Bruttohaushaltseinkommen)

(Quelle: Eigene Darstellung in Anlehnung an die Daten der Haushaltsbudgeterhebung 2009; BFS 2011a)

Abb. 2: Ausgewählte Haushaltsausgaben

(Quelle: BLW: http://www.blw.admin.ch/dokumentation/ 00844/ 01171/index.html?lang=de)

Bezüglich einer ausreichenden Versorgung mit Nährstoffen bei gesunden Menschen weist die Ernährungssituation in der Schweiz kaum Defizite auf[3], jedoch stellen Überernährung und die damit einhergehenden Gesundheitsrisiken ein zunehmendes Problem dar. Laut 5. Schweizer Ernährungsbericht lag im Jahr 2001 der BMI von 45% der Männer und 29% der Frauen im Alter ab 16 Jahren über einem Wert von 25 (vgl. EICHHOLZER 2006). Dies entspricht mehr als einem Drittel der erwachsenen Schweizer Bevölkerung. Von den 37% übergewichtigen Erwachsenen wurden knapp 20% als adipös eingestuft (vgl. Gallani Berardo et al. 2009). In der Gruppe der 6-13-jährigen Kinder waren 2007 11,3% der Jungen und 9,9% der Mädchen übergewichtig und 5,4 % der Jungen und 3,2% der Mädchen adipös (vgl. SCHNEIDER et al 2009a).

Gründe für die wachsende Zahl übergewichtiger Personen sind vor allem der steigende Konsum stark zucker- und fetthaltiger Nahrung und mangelnde körperliche Aktivität. 2001 aßen lediglich 67% der Männer und 81% der Frauen täglich Obst oder Gemüse (vgl. EICHHOLZER 2006) und nur etwa ein Drittel der Schweizer Bevölkerung geht derzeit mindestens drei Mal pro Woche intensiver körperlicher Betätigung nach (vgl. SCHNEIDER et al. 2009).

Die Folgen der Überernährung äußern sich vor allem in zunehmender Prävalenz ernährungsbedingter Erkrankungen wie z.B. koronarer Herzkrankheiten, Diabetes Typ2 oder Depressionen und steigenden Gesundheitskosten. 2006 betrugen die Kosten in Zusammenhang mit Übergewicht und Adipositas 5,8 Milliarden SFr (vgl. Abb. 3). Die direkt der Adipositasindikation zurechenbaren Kosten betrugen dabei nur 1%. Die übrigen Kosten entfielen als indirekte oder direkte Kosten auf die Behandlung von Folgeerkrankungen. Die Gesamtkosten für die Behandlung übergewichtbedingter Krankheiten betrugen 2006 ca. 11 % der gesamten Gesundheitskosten der Schweiz. (vgl. SCHNEIDERet al. 2009).

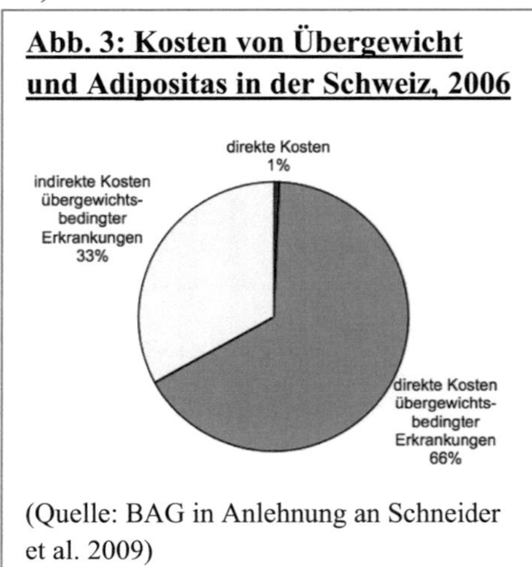

(Quelle: BAG in Anlehnung an Schneider et al. 2009)

Ausgehend von der Entwicklung der letzten Jahre ist ein Rückgang ernährungsbedingter Erkrankungen und damit eine Reduktion der finanziellen Belastung des Gesundheitssystems in den nächsten Jahren nicht zu erwarten. Vergangene Untersuchungen gehen davon aus, dass bis dato bestenfalls eine Stabilisation der Anzahl übergewichtiger oder adipöser Personen erreicht werden konnte (vgl. SCHNEIDER et al. 2009). Aktuelle Studien hierzu stehen allerdings noch aus.

---

[3] Ausgenommen sind Schwangere, bei denen häufig eine unzureichende Folsäureversorgung verzeichnet werden konnte und Personen, die z.B. an Essstörungen oder konsumierenden Krankheiten leiden oder von anderen Einschränkungen hinsichtlich einer adäquaten Nahrungsaufnahme betroffen sind. Hier finden sich gelegentlich Zeichen von Mangel- oder Unterernährung (vgl. EICHHOLZER 2006).

Um die Ernährungssituation der Schweizer Bevölkerung zu verbessern und Überernährung und ihren Folgen entgegenzuwirken, wurden in den letzten Jahren verstärkt Ernährungs- und Bewegungsprogramme ins Leben gerufen. Aktuelle Präventionsprogramme sind u.a. ‚Suisse Balance'[4], zur Förderung gesunder Ernährung und Bewegung bei Kindern und Jugendlichen, ‚5 am Tag', das zu einem ausreichenden Obst- und Gemüseverzehr anregen soll, oder ‚Action D'[5], einem Programm, dass sich für die Diabetesprävention einsetzt. Weiterhin wurde vom Schweizer Bundesamt für Gesundheit u.a. in Zusammenarbeit mit dem Bundesamt für Sport das ‚Nationale Programm Ernährung und Bewegung' (NPEB)[6] erarbeitet, das langfristig Ziele und Strategien zur Gesundheitsförderung festlegt (vgl. BAGa). Zur Verbesserung der Datenlage und um eine lückenlose Berichterstattung zu ermöglichen wurde das ‚MOSEB' (Monitoring-System Ernährung und Bewegung) eingerichtet. Auf Grundlage einer umfassenden Sammlung von Daten zu Ernährungs- und Bewegungsverhalten, sollen zukünftige Präventionsmaßnahmen leichter plan- und umsetzbar sein (vgl. BAGb). Einen weiteren Beitrag zur Bekämpfung von Fehlernährung und Übergewicht liefern die Schweizer Lebensmittelpyramide (vgl. BAGc) und die Ernährungsempfehlungen der WHO zur Vermeidung von Übergewicht und chronischen Krankheiten[7]. Das Konsumverhalten und damit die Ernährungssituation der Schweizer Bevölkerung stehen in engem Zusammenhang mit der Agrarpolitik. Die Preisstützungspolitik wirkt sich auch auf die Konsumentenpreise aus. Abhängig von zukünftigen politischen Entwicklungen und zunehmend liberaler Märkte könnten die Konsumentenpreise fallen und besonders hochpreisige Lebensmittel wie Obst und Gemüse würden somit für die Verbraucher erschwinglicher (vgl. JÖRIN/SCHLUEP CAMPO 2008).

4. Agrarpolitik

Hauptaufgabe der Schweizer Landwirtschaft ist es, der Bevölkerung langfristig ein qualitativ hochwertiges und sicheres Nahrungsmittelangebot bereitstellen zu können und eine ökologisch intakte Kulturlandschaft zu erhalten (vgl. BLW 2004). Die Agrarpolitik unterstützt diese Aufgabe durch zahlreiche politische Maßnahmen und versucht gleichzeitig soziale, ökologische und wirtschaftliche Anliegen der unterschiedlichen Interessengruppen zu vereinen.

4.1. Entwicklung der Schweizer Agrarpolitik

Um eine ausreichende Nahrungsmittelversorgung der Bevölkerung sicher zu stellen, wurde 1951 ein Landwirtschaftsgesetz erlassen. Staatlich vorgegebene Preise für landwirtschaftliche Erzeug-

---

[4] weitere Informationen unter: http://www.suissebalance.ch
[5] weitere Informationen unter: http://www.actiond.ch
[6] weitere Informationen unter: http://www.bag.admin.ch/themen/ernaehrung_bewegung /05141/05142 /index.html? lang=de
[7] Vgl. für weitere Informationen: WHO Technical Report Series 916: „DIET, NUTRITION AND THE PREVENTION OF CHRONIC DISEASES". Genf: WHO 2003

nisse, die über dem eigentlichen Marktpreis lagen, führten daraufhin zu Überproduktion und aufgrund der staatlichen Übernahmegarantie zu hohen Staatsausgaben. Spätere Reformen versuchten dieser Überproduktion von Agrarerzeugnissen entgegenzuwirken (vgl. VIMENTIS 2005)

1972 wurde das erste **Freihandelsabkommen** mit der EU geschlossen, welches einen freien Warenhandel zwischen der Schweiz und der EU gewährleistete, die schon damals der wichtigste Handelspartner der Schweiz war. Das 1992 unterzeichnete Abkommen über den europäischen Wirtschaftsraum wurde seitens des Schweizer Volkes abgelehnt und in Folge dessen die Verhandlungen über den EU-Beitritt der Schweiz ausgesetzt (vgl. WKO). Im Jahr 1993 erging ein Parlamentsbeschluss, der eine umfassende Reform der Agrarstruktur einleitete. Direkte staatliche Eingriffe in den Markt wurden durch Direktzahlungen ersetzt, mit denen landwirtschaftliche Leistungen zu Gunsten des Allgemeinwohls abgegolten werden sollten. Diese Direktzahlungen orientierten sich an den Verpflichtungen, welche die Schweiz mit dem Beitritt zur WTO 1995 eingegangen war. Die schrittweise Aufhebung staatlicher Preis- und Absatzgarantien bis 2003 führte zu einer Verringerung der bäuerlichen Einnahmen (vgl. BLW 2004, VIMENTIS 2005).

Nach fünfjährigen Verhandlungen zwischen der EU und der Schweiz traten 2002 die **Bilateralen Abkommen I** in Kraft. Diese beinhalteten Regelungen zu sieben Sektoren unter anderem über den Handel mit landwirtschaftlichen Erzeugnissen[8]. Ziel der Abkommen war eine Stärkung des Freihandels zwischen den beteiligten Parteien durch Erleichterung des gegenseitigen Marktzugangs. Um dies zu erreichen wurden die Zölle für ausgewählte Produkte gesenkt oder sogar gänzlich abgebaut. Käse bspw. kann im Rahmen des „Käseabkommens" seit 2007 völlig frei zwischen der Schweiz und der EU gehandelt werden (vgl. BLW 2004). Drei Jahren nach den ersten Abkommen traten die **Bilateralen Abkommen II** in Kraft. Diese enthielten unter anderem Änderungen zu den im Freihandelsabkommen von 1972 festgelegten Bestimmungen bezüglich des Handels mit landwirtschaftlichen Verarbeitungserzeugnissen (vgl. WKO).

Als Folge der zunehmenden Öffnung der globalen Märkte wurden 2007/2008 die Regelungen für Zollbeschränkungen, Importe und Vergabe der Zollkontingente vereinfacht. Durch periodische Versteigerung der Zollkontingente wurde der Schweizer Markt allen internationalen Marktteilnehmern zugänglich gemacht. Weiterhin wurden die Quoten zur Beschränkung der Milchproduktion abgebaut und die staatlichen Exportsubventionen verringert (vgl. OECD 2010).

---

[8] vgl. für weitere Infos: Amtsblatt der Europäischen Gemeinschaft Nr. L114/132
(http://eur-lex.europa.eu/LexUriServ/LexUriServ.do?uri=OJ:L:2002:114:0132:0349:DE:PDF)

4.2. Direktzahlungen und Protektion

Derzeit wird die Schweizer Landwirtschaft von einem eigenen Gesetz, einem Verfassungsartikel und zahlreichen Verordnungen reglementiert (vgl. VIMENTIS 2005). Das System der nicht produktgebundenen Direktzahlungen bildet die Basis der Schweizer Agrarpolitik.

Direktzahlungen sind produktungebundene Subventionen, die den Bauern für Leistungen zugunsten des allgemeinen Wohls der Bevölkerung gezahlt werden und deren Auszahlung an bestimmte ökologische Auflagen gebunden ist. Unterschieden werden allgemeine Direktzahlungen - gebunden an die landwirtschaftliche Nutzfläche und Haltung rauhfutterverzehrender Tiere - und ökologische Direktzahlungen für besondere Leistungen und freiwillige Teilnahme an Programmen für Nachhaltigkeit und Umweltschutz. In den Bergregionen werden zusätzliche Beträge zum Ausgleich erschwerter Produktionsbedingungen gezahlt (vgl. BLW 2004).

Obwohl der Schutz nach außen zunehmend abgebaut wird und die Landwirte verstärkt einem internationalen Wettbewerb gegenüber stehen, weist der Agrarsektor nach wie vor eine hohe Protektionsrate auf. Die Erzeugerstützung (Producer Support Estimate, PSE) lag 2006-2008 bei 60%. Im Vergleich dazu betrug der OECD-Durchschnitt im gleichen Zeitraum lediglich 23%. 1986-1988 betrugen die Zahlungen für einzelne Produkte (Single Commodity Transfer, SCT)

86% des gesamten PSE. Diese konnten bis 2006-2008 auf 51% gesenkt werden. Die Produkte mit den höchsten SCT waren Raps, Eier und Geflügel. Die Erzeugnisse mit der geringsten Stützung waren Mais, Weizen und andere Getreidesorten (vgl. Abb. 4). Der finanzielle Aufwand für Stüzungszahlungen gemessen am BIP (Total Support Estimate, TSE) betrug im Zeitraum 2006-2008 1,3 % und somit nur noch etwa ein Drittel der Kosten der Jahre 1986-1988 (vgl. OECD 2010).

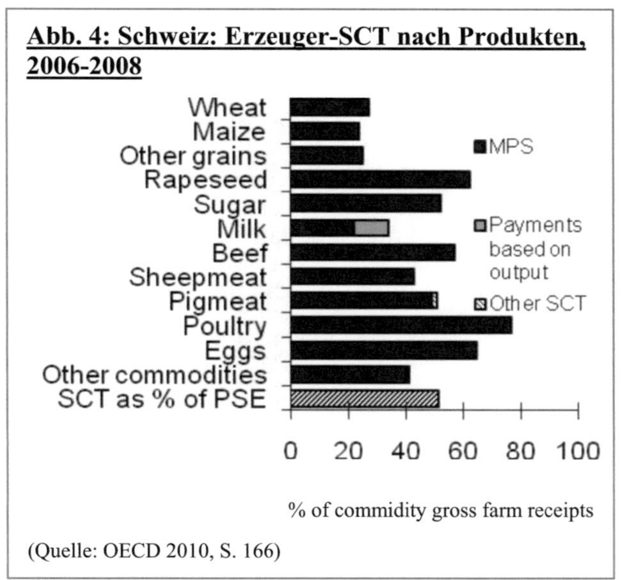

Gründe für die hohe Preisstützung landwirtschaftlicher Erzeugnisse in der Schweiz sind vor allem strukturelle Probleme und hohe Preise für Produktionsfaktoren. Landwirtschaftliche Maschinen, Dünger und Tierfutter sind teuer. Zudem treiben die für die Landwirtschaft ungünstige geologische Bedingungen und die strengen ökologischen Auflagen die Produktionskosten in die Höhe. In Folge dessen ergeben sich große Differenzen zwischen dem Agrarpreisniveau in der Schweiz und dem der EU (vgl. VIMENTIS 2005). Die weitere Öffnung der Schweizer Agrarmärkte und damit einhergehend eine eventuelle Senkung des Preisniveaus in der Schweiz ist neben der Weiterentwicklung der Direktzahlungen aktuell ein wichtiges politisches Thema.

5. Aktuelle Situation

Die Förderung nachhaltiger Produktion und nachhaltigen Konsums, größere Nahrungsmittelsicherheit, Wettbewerbsfähigkeit, Erhöhung der Attraktivität des ländlichen Raums und die Schaffung von Innovationsanreizen in der Land- und Ernährungswirtschaft sind die Hauptziele der Agrarpolitik 2014-2017 (AP 14-17). Sie setzt sich zusammen aus einer Gesetzesanpassung und einem Beschluss über den finanziellen Rahmen für den Zeitraum 2014-2017. Insgesamt stehen in dieser Periode 13,67 Milliarden Franken für die Unterstützung der Landwirtschaft zur Verfügung (vgl. BLW 2011a). Im Zentrum der neuen Agrarpolitik steht die Ausrichtung des Direktzahlungssystems auf die in der Verfassung festgelegten Ziele. Die dafür vorgesehenen Instrumente sind Beiträge für den Erhalt der Kulturlandschaft, Versorgungssicherheitsbeiträge, Biodiversitätsbeiträge, Landschaftsqualitätsbeiträge und Beiträge zur Förderung ökologisch verträglicher Produktionssysteme, welche vor allem in der Übergangszeit durch weitere Zahlungen ergänzt werden sollen (vgl. Lehmann 2011). Mit Hilfe der AP 14-17 soll ein auf allen Ebenen nachhaltiges Ernährungssystem geschaffen und die globale Wettbewerbsfähigkeit der Schweizer Landwirtschaft gestärkt werden.

Neben der neuen Agrarpolitik wird derzeit in der Regierung und den Interessenverbänden über ein zusätzliches Freihandelsabkommen im Agrar- und Lebensmittelbereich (FHAL) zwischen der Schweiz und der EU debattiert. Ziel des Freihandelsabkommens ist es, den Handel mit Agrarerzeugnissen und Lebensmitteln weiter zu liberalisieren und den Schweizer Agrar- und Lebensmittelsektor stärker in den europäischen Binnenmarkt zu integrieren (vgl. EDA/EDV 2008). Der wachsende Druck offener Märkte verlangt von den Schweizer Landwirten eine höhere Wettbewerbsfähigkeit. Im Rahmen des FHAL sollen die Voraussetzungen für internationale Wettbewerbsfähigkeit in einem begleiteten Prozess geschaffen werden. Seitens der konservativen Landwirte wird das Freihandelsabkommen sehr kritisch betrachtet. Im Gegensatz zu den liberalen Interessenverbänden, die im FHAL die Möglichkeit sehen, in der Schweiz produzierte Lebensmittel als qualitativ hochwertige Produkte auf dem Europäischen Markt zu etablieren (vgl. BÖTSCH 2010), befürchten sie vor allem einen Rückgang des landwirtschaftlichen Einkommens und der Produktion nicht handelbarer Leistungen. Zunehmende Liberalisierung bedeutet leichtere Substituierbarkeit inländischer Produkte durch Importgüter und daraus resultierend einen Rückgang eigener Produktion und eine Verminderung des Selbstversorgungsgrades. Einen bedeutenden Anstieg der Exportmengen halten die Gegner des Freihandelsabkommens für unwahrscheinlich und die vermeintliche Chance zur Etablierung am europäischen Markt bringe ihrer Meinung nach lediglich die einheimische Verarbeitungsindustrie in Gefahr, die der europäischen Konkurrenz nicht standhalten könne (vgl. SALS 2011). Sie fordern daher weiterhin den Schutz inländischer Produktion und die verstärkte Berücksichtigung nicht handelsbezogenen Anliegen.

Die Verhandlungen über das FHAL sind derzeit ausgesetzt und eine Entscheidung des Bundesrates über eine Wiederaufnahme steht derzeit noch aus. Hauptgrund hierfür sind die bisher nicht abgeschlossenen Verhandlungen mit der WTO (vgl. FOODAKTUELL 2011).

Literatur- und Quellenverzeichnis

BAG: Kosten von Übergewicht und Adipositas.
http://www.bag.admin.ch/themen/ernaehrung_bewegung/11660/11662/11663/index.html?lang=de (Zugriff: 06.01.2012, 11.35 Uhr)

BAGa: Präventionsprogramme.
http://www.bag.admin.ch/themen/ernaehrung_bewegung/05141/index.html?lang=de (Zugriff: 06.01.2012, 20.47 Uhr)

BAGb: Kurzbeschrieb des Monitoring-Systems Ernährung und Bewegung.
http://www.bag.admin.ch/themen/ernaehrung_bewegung/05190/05293/index.html?lang=de (Zugriff: 06.01.2012, 20.58 Uhr)

BAGc: Schweizer Lebensmittelpyramide.
http://www.bag.admin.ch/themen/ernaehrung_bewegung/05207/05209/index.html?lang=de (Zugriff: 06.01.2012, 21.15 Uhr)

BFS: *Gesundheit und Gesundheitsverhalten in der Schweiz 2007. Schweizerische Gesundheitsbefragung.* Neuchâtel: Bundesamt für Statistik 2010

BFS: *Land- und Forstwirtschaft: Panorama.* Neuchâtel: Bundesamt für Statistik 2011.
http://www.bfs.admin.ch/bfs/portal/de/index/themen/07/01/pan.html (Zugriff: 04.01.2012, 12.45 Uhr)

BFS: *Die Haushalte in der Schweiz geben ein Achtel ihres Budgets für die Ernährung aus.* Pressemitteilung. Neuchâtel: Bundesamt für Statistik 2011a

BLW: *Die Schweizer Agrarpolitik. Ziele, Instrumente, Perspektiven.* Bern: Bundesamt für Landwirtschaft 2004

BLW: *Agrarbericht 2011.* Bern: Bundesamt für Landwirtschaft 2011

BLW: *Vernehmlassung zur Agrarpolitik 2014-2017 (AP 14-17). Weiterentwicklung der Agrarpolitik in den Jahren 2014 bis 2017. Erläuternder Bericht.* Bern: BLW 2011a.

BÖTSCH, M. : *Europäische Integration und WTO - Agrar-& Gesundheitsabkommen.* Kolloquium Uni Basel, Vortrag vom 26.April 2010. Bern: BLW 2010.
www.blw.admin.ch/dienstleistungen/00021/index.html?lang *(*Zugriff: 07.01.2012, 16.50 Uhr)

DESTATIS: Konsumausgaben privater Haushalte: Nahrungsmittel. Statistisches Bundesamt Deutschland.
http://www.destatis.de/jetspeed/portal/cms/Sites/destatis/Internet/DE/Content/Statistiken/Internationales/InternationaleStatistik/Thema/Tabellen/Basistabelle__KonsumN,templateId=render Print.psml (Zugriff: 05.01.2012, 18.30 Uhr)

EDA/EDV: *Verhandlungen Schweiz-EU für ein Freihandelsabkommen im Agrar- und Lebensmittelbereich (FHAL); Verhandlungen Schweiz-EU für ein Abkommen im Bereich der öffentlichen Gesundheit (GesA). Ergebnisse der Exploration und Analyse.* Bern: EDA/EDV 2008. S. 2-34

EICHHOLZER, M.: *Ernährungssituation in der Schweiz. Fünfter Schweizerischer Ernährungsbericht.* Präsentation zum 5. Schweizer Ernährungsbericht. Zürich: Universität Zürich 2006. http://www.sge-ssn.ch/fileadmin/pdf/700-veranstaltungen_ausbildung/20-archiv_sge_veranstaltungen/20-5_CH_ernaehrungsbericht/Praesentation_Eichholzer.pdf (Zugriff: 29.12.2011, 17.10 Uhr)

FOODAKTUELL: *Freihandelsabkommen FHAL: Verhandlungs-Abbruch.* Nachricht vom 22.12.2011. Zürich: Foodaktuell.ch 2011 http://www.foodaktuell.ch/drucken.php?db=nachrichten&nr=1801&PHPSESSID=6128f83e9 41dc93acf1af6bae8215077 (Zugriff: 06. 01.2012, 11.25 Uhr)

GTAI: *Wirtschaftsdaten kompakt: Schweiz.* Bonn: Germany Trade & Invest 2011. http://www.gtai.de/GTAI/Content/DE/Trade/Fachdaten/PUB/2011/11/pub201111218017_159 159.pdf (Zugriff: 03.01.2012, 22.14 Uhr)

JÖRIN, R. / SCHLUEP CAMPO, I.: *Impacts of Swiss agricultural trade policy on consumer behavior and dietary patterns.* Zürich: ETH 2008

LEHMANN, B.: *Das Schweizer Ernährungssystem-Nachhaltig und in den Märkten gut positioniert.* Referat von Bernard Lehmann zum Agrarbericht 2011. Bern: BLW 2011

OECD: *Agrarpolitik in den OECD Ländern: Monitoring und Evaluierung 2009.* OECD 2010. S. 165-168

SALS: *Freihandelsabkommen Schweiz – EU im Agrar- und Lebensmittelbereich: ein begründetes NEIN.* Argumentarium der Schweizerischen Vereinigung für einen starken Agrar- und Lebensmittelsektor. Lausanne: SALS 2011 http://www.sals-schweiz.ch/site09/index.php?page=de/documents/argumentaire (Zugriff: 05.01.2012, 10.42 Uhr)

SCHNEIDER, H. / GALLANI BERARDO, C. / VENETZ, W.: *Overweight and obesity in Switzerland Part 1: Cost burden of adult obesity in 2007.* Basel: Health Econ 2009

SCHNEIDER, H. / GALLANI BERARDO, C. / VENETZ, W.: *Overweight and obesity in Switzerland Part 2: Overweight and obesity trends in children.* Basel: Health Econ 2009a

SWISSWORLD: Kennzahlen. http://www.swissworld.org/de/wirtschaft/landwirtschaft/kennzahlen/ (Zugriff: 30.12.2011, 21.30 Uhr)

VIMENTIS: *Landwirtschaft*. Meldung in der Rubrik ‚Politik aktuell' vom 08.06.2005. St. Gallen: VIMENTIS 2005.
www.vimentis.ch/publikation/53/Schweizer+Landwirtschaft.html (Zugriff: 06.01.2012, 16.48 Uhr)

WKO: Freihandelsabkommen sowie bilaterale Abkommen I und II.
http://portal.wko.at/wk/format_detail.wk?angid=1&stid=631596&dstid=15 (Zugriff: 06.01.2012, 20.30 Uhr)